Guida alla Coltivazione di Fragole e Frutti di Bosco

Impara cosa fare per coltivare bene Fragole e Frutti di Bosco

A. Duller

Lisa Shardon

Copyright © 2024

Guida alla Coltivazione di Fragole e Frutti di Bosco

1. Introduzione

Importanza delle fragole e dei frutti di bosco

Le fragole e i frutti di bosco costituiscono una categoria di alimenti di grande rilevanza sia dal punto di vista economico che nutrizionale. Il loro impiego è diffuso in molte culture, grazie alla loro versatilità culinaria e alle numerose proprietà salutari. Questi piccoli frutti sono apprezzati non solo per il loro sapore dolce e aromatico, ma anche per il loro impatto positivo sulla salute umana.

Oltre al consumo fresco, fragole, lamponi, mirtilli, more e ribes trovano largo impiego nella preparazione di dolci, confetture, gelati e bevande. L'aumento della domanda di cibi salutari e ricchi di antiossidanti ha ulteriormente valorizzato questi frutti, considerati veri e propri superfood. La loro importanza economica non si limita alla produzione nazionale, ma si estende anche all'esportazione, specialmente nei mercati europei e nordamericani, dove il consumo di frutti di bosco è in crescita costante.

Inoltre, fragole e frutti di bosco rappresentano una scelta sostenibile nell'ambito dell'agricoltura. Con le giuste tecniche di coltivazione e rotazione delle colture, possono contribuire alla tutela della biodiversità e alla riduzione dell'impatto ambientale. Anche il loro utilizzo nella cosmetica e nella nutraceutica, grazie ai composti benefici contenuti, ne amplifica l'importanza strategica nei settori del benessere e della cura del corpo.

Benefici nutrizionali e culinari

Il valore nutrizionale delle fragole e dei frutti di bosco è considerevole, rendendoli alimenti fondamentali per una dieta equilibrata. Sono ricchi di vitamine, in particolare vitamina C e vitamine del gruppo B, minerali come potassio, magnesio e ferro, e composti fitochimici ad azione antiossidante, come flavonoidi, antociani e polifenoli. Questi composti contrastano l'azione dei radicali liberi, prevenendo l'invecchiamento cellulare e riducendo il rischio di malattie cardiovascolari e degenerative.

Il consumo regolare di questi frutti può migliorare la salute del cuore, regolare la pressione arteriosa e favorire la funzione cerebrale, grazie alla presenza di antiossidanti che combattono lo stress ossidativo. Sono inoltre una fonte di fibre alimentari che favoriscono la digestione e il senso di sazietà, rendendoli particolarmente adatti nelle diete ipocaloriche e nel controllo del peso.

Dal punto di vista culinario, fragole e frutti di bosco sono estremamente versatili. Possono essere consumati al naturale, oppure utilizzati in preparazioni elaborate, come torte, sorbetti, confetture e succhi. La loro combinazione di dolcezza e acidità li rende adatti a preparazioni sia dolci che salate. Vengono spesso usati per guarnire insalate, yogurt, pancake e piatti a base di pesce o formaggi freschi. Questa grande varietà d'uso li rende ingredienti preziosi in ogni stagione e occasione.

Capitolo 1. Tipi di Fragole e Frutti di Bosco

Varietà di fragole

Esistono diverse varietà di fragole, ciascuna caratterizzata da specifiche peculiarità in termini di gusto, consistenza e tempi di maturazione. Tra le varietà più conosciute troviamo:

1. **Fragola Albion**

   - Origine: Stati Uniti

   - Caratteristiche: Si distingue per le bacche di grandi dimensioni, dal colore rosso intenso e brillante. Il suo sapore è dolce e aromatico, con una leggera acidità.

   - Stagionalità: Pianta rifiorente, produce frutti dalla primavera fino all'autunno.

2. **Fragola Camarosa**

   - Origine: California

   - Caratteristiche: È una delle varietà più

coltivate a livello commerciale. Presenta frutti grandi, di forma conica e consistenti. Ha un gusto equilibrato, con un buon rapporto tra dolcezza e acidità.

- Stagionalità: Primavera-estate.

3. **Fragola Mara des Bois**

- Origine: Francia

- Caratteristiche: Questa varietà rifiorente è nota per il suo intenso aroma di fragolina di bosco e per la polpa succosa e zuccherina.

- Stagionalità: Dalla primavera all'autunno.

4. **Fragola Elsanta**

- Origine: Paesi Bassi

- Caratteristiche: Tra le più diffuse in Europa, ha frutti medi, dal sapore dolce ma con un'acidità spiccata. La sua consistenza solida la rende ideale per il trasporto e la conservazione.

- Stagionalità: Maggio-giugno.

Ogni varietà ha specifiche esigenze climatiche e agronomiche, rendendo fondamentale la scelta della tipologia più adatta in funzione delle condizioni ambientali locali e della destinazione d'uso (fresco o trasformato).

Varietà di frutti di bosco

Oltre alle fragole, i frutti di bosco includono un'ampia gamma di piccoli frutti come lamponi, mirtilli, more e ribes, ognuno con caratteristiche distintive.

1. **Lamponi (Rubus idaeus)**

   - Colore: Rosso vivo (anche dorati in alcune varietà).

   - Gusto: Dolce e leggermente acidulo.

   - Proprietà: Ricchi di vitamina C, antociani e fibre. Hanno proprietà antinfiammatorie e favoriscono la salute intestinale.

- Varietà:

  - **Autumn Bliss**: Rifiorente, produce frutti da agosto a ottobre.

  - **Tulameen**: Produzione estiva, frutti dolci e aromatici.

2. **Mirtilli (Vaccinium spp.)**

   - Colore: Blu-nero con riflessi violacei.

   - Gusto: Dolce, con una lieve acidità.

   - Proprietà: Fonte di antiossidanti, in particolare antociani, utili per migliorare la circolazione sanguigna e la memoria.

   - Varietà:

     - **Mirtillo Highbush**: Diffuso in Nord America, ha frutti grandi e succosi.

     - **Mirtillo Lowbush**: Frutti più piccoli ma intensamente aromatici.

3. **More (Rubus fruticosus)**

   - Colore: Nero lucido.

- Gusto: Dolce, con una nota di acidità.

- Proprietà: Ricche di fibre, vitamina C e antiossidanti. Favoriscono la salute cardiovascolare e hanno proprietà depurative.

- Varietà:

  - **Loch Ness**: Frutti grandi e polposi, senza spine.

  - **Chester**: Resistente al freddo, produce frutti da agosto a settembre.

4. **Ribes (Ribes spp.)**

- Colore: Rosso, bianco o nero a seconda della varietà.

- Gusto: Acidulo e fresco.

- Proprietà: Ottima fonte di vitamina C e antiossidanti. Ha proprietà diuretiche e depurative.

- Varietà:

  - **Ribes Nero Ben Hope**: Varietà vigorosa, resistente alle malattie.

  - **Ribes Rosso Jonkheer van Tets**:

Produce grappoli di frutti dolci e aciduli a inizio estate.

Caratteristiche e scelta delle varietà

La scelta della varietà di fragole e frutti di bosco dipende da diversi fattori, tra cui il clima, il terreno, la disponibilità idrica e la destinazione d'uso. Ad esempio, alcune varietà di fragole sono più adatte alla coltivazione in zone temperate, mentre altre possono resistere a climi più caldi o freddi. Analogamente, i frutti di bosco come i mirtilli necessitano di terreni acidi e ben drenati, mentre le more e i lamponi si adattano meglio a suoli neutri e fertili.

Dal punto di vista commerciale, è essenziale selezionare varietà che garantiscano una buona resa produttiva e una lunga conservabilità. Fragole come la **Elsanta** o i mirtilli **Highbush** sono particolarmente apprezzati per la loro resistenza al trasporto e la durata sugli scaffali. D'altro canto, varietà più delicate come la **Mara des Bois** o i lamponi **Autumn Bliss** sono perfette per il consumo fresco e per la vendita diretta al consumatore, ma meno indicate per l'esportazione su larga scala.

Per la coltivazione biologica, è importante privilegiare varietà resistenti alle malattie e ai parassiti, riducendo così la necessità di trattamenti chimici. Ad esempio, il ribes nero **Ben Hope** è noto per la sua resistenza naturale a diverse patologie.

Fragole e frutti di bosco non solo arricchiscono la dieta con nutrienti preziosi, ma offrono anche infinite possibilità culinarie. La vasta gamma di varietà disponibili permette di soddisfare ogni esigenza produttiva e di consumo, contribuendo al successo di questi piccoli frutti sia sul mercato locale che internazionale.

Capitolo 2. Preparazione del Terreno per Fragole e Frutti di Bosco

La coltivazione delle fragole e dei frutti di bosco richiede un'attenta preparazione del terreno, poiché la qualità del suolo influisce direttamente sulla salute delle piante e sulla produttività. Ogni specie ha esigenze specifiche in termini di pH, struttura e fertilità del suolo, ma alcune pratiche generali sono fondamentali per garantire un ambiente favorevole alla crescita ottimale. In questa guida approfondiremo tutti gli aspetti legati alla scelta del terreno ideale, all'analisi del suolo e alla sua preparazione e arricchimento.

Scelta del Terreno Ideale

1. Esposizione e condizioni climatiche

Il primo passo per una buona preparazione del terreno è la scelta dell'area di coltivazione, che deve garantire condizioni climatiche e ambientali ottimali. Fragole e frutti di bosco preferiscono aree ben esposte al sole ma protette dai venti. L'esposizione solare è particolarmente importante per lo sviluppo del sapore e del contenuto zuccherino dei frutti. In alcuni casi, tuttavia, un'ombreggiatura parziale può essere utile per evitare stress idrico, soprattutto nelle zone con estati molto calde.

- **Fragole**: Richiedono almeno 6-8 ore di sole al giorno.

- **Mirtilli**: Tollera l'ombra parziale, ma la produzione migliora con una buona esposizione al sole.

- **Lamponi e more**: Preferiscono sole pieno ma si adattano anche a condizioni di mezz'ombra.

- **Ribes**: Cresce bene in aree più fresche e tollera meglio di altri frutti di bosco l'ombra.

2. Struttura e drenaggio del suolo

Un buon drenaggio è essenziale per evitare ristagni idrici, che possono favorire malattie radicali come il marciume. Fragole e frutti di bosco non tollerano l'eccesso di acqua, poiché le radici devono respirare per garantire un buon assorbimento dei nutrienti.

- **Terreno leggero e sabbioso**: Ideale per le fragole, poiché garantisce un buon drenaggio e un riscaldamento rapido in primavera.

- **Terreno argilloso**: Non adatto senza miglioramenti strutturali, perché trattiene troppa acqua.

- **Terreno acido e torboso**: Perfetto per i mirtilli, che necessitano di un pH tra 4,5 e 5,5.

- **Suoli fertili e ben aerati**: Adatti per lamponi, more e ribes.

Analisi del Suolo

1. Importanza dell'analisi del suolo

Prima di piantare fragole o frutti di bosco, è essenziale eseguire un'analisi del suolo per determinare il pH, il contenuto di nutrienti e la struttura fisica del terreno. L'analisi permette di individuare eventuali carenze di macro è micronutrienti, oltre a valutare se siano necessari interventi correttivi. Inoltre, l'analisi può individuare problemi di salinità o contaminazione, che potrebbero compromettere la coltivazione.

2. Raccolta del campione

Per ottenere risultati affidabili, è necessario raccogliere campioni di terreno in modo corretto:

- Preleva campioni da almeno 5-10 punti diversi del campo, mescolando il terreno in un unico campione rappresentativo.

- Raccogli il terreno fino a una profondità di circa 20-30 cm (strato esplorato dalle radici).

- Evita punti vicini a strutture edificate, fossati

o aree con ristagni d'acqua.

3. Parametri fondamentali da analizzare

L'analisi del suolo dovrebbe fornire informazioni sui seguenti aspetti:

- **pH del suolo**:

  - Fragole: 5,5 - 6,5

  - Mirtilli: 4,5 - 5,5

  - Lamponi e more: 5,5 - 6,5

- **Contenuto di materia organica**: Valutare la necessità di compost o letame per migliorare la fertilità.

- **Macro e micronutrienti**:

  - Azoto (N): Fondamentale per la crescita vegetativa.

  - Fosforo (P): Stimola lo sviluppo delle radici.

  - Potassio (K): Influisce sulla qualità dei frutti.

- Calcio, magnesio e ferro: Importanti per mantenere le piante sane.

Preparazione e Arricchimento del Suolo

1. Lavorazione preliminare del terreno

Dopo aver selezionato l'area e analizzato il suolo, è necessario prepararlo per la piantagione. La lavorazione del terreno ha l'obiettivo di migliorare l'aerazione, eliminare eventuali infestanti e favorire la penetrazione delle radici. Ecco alcune operazioni fondamentali:

- **Aratura o vangatura**:

  - Effettuare un'aratura profonda (30-40 cm) per migliorare l'aerazione e rompere eventuali strati compatti.

  - Nei piccoli orti, è sufficiente una vangatura profonda per smuovere il terreno.

- **Erpicatura o fresatura**:

  - Dopo l'aratura, è utile eseguire un'erpicatura per livellare il terreno e sminuzzare le zolle.

  - Questa operazione facilita anche la successiva stesura di pacciamature o teli plastici.

2. Arricchimento del suolo

Per garantire una buona produzione, è necessario arricchire il terreno con materia organica e fertilizzanti, secondo le indicazioni fornite dall'analisi del suolo.

- **Compost e letame maturo**:

  - Aggiungere compost o letame ben decomposto durante la lavorazione del terreno migliora la fertilità e la struttura del suolo.

  - Dosi consigliate: 2-3 kg/m² di letame o compost.

- **Fertilizzanti organici e minerali**:

  - Integrare con fertilizzanti a base di azoto, fosforo e potassio (NPK) in base alle esigenze specifiche della coltura.

  - **Fragole**: Richiedono un apporto costante di azoto per sostenere la produzione.

  - **Mirtilli**: Preferiscono concimi acidi, come solfato di ammonio.

3. Regolazione del pH

Se il pH del terreno non è ottimale, è necessario correggerlo prima della piantagione.

- **Suolo troppo alcalino**:

  - Aggiungere zolfo elementare o torba acida per abbassare il pH, particolarmente importante per i mirtilli.

- **Suolo troppo acido**:

  - Integrare con calce agricola (carbonato di

calcio) per aumentare il pH, utile soprattutto per fragole e lamponi.

4. Controllo delle infestanti

La presenza di erbacce può ostacolare la crescita delle piante, poiché competono per luce, acqua e nutrienti. Prima di piantare, è essenziale eliminare le infestanti:

- **Pacciamatura**: L'applicazione di teli in plastica nera o organici (come paglia) riduce la crescita delle erbe spontanee e mantiene il terreno umido.

- **Diserbo manuale**: Nei piccoli impianti, è consigliabile rimuovere manualmente le erbacce prima della piantagione.

- **Diserbo chimico**: In grandi coltivazioni, possono essere utilizzati erbicidi selettivi, anche se è preferibile limitare l'uso di prodotti chimici per pratiche sostenibili.

5. Irrigazione e sistemi di drenaggio

Un corretto sistema di irrigazione è essenziale per garantire un buon sviluppo delle piante.

L'irrigazione a goccia è la soluzione ideale, poiché consente un apporto d'acqua mirato alle radici, evitando sprechi e riducendo il rischio di malattie fogliari.

- **Fragole**: Richiedono irrigazioni frequenti ma leggere, poiché hanno radici poco profonde.

- **Mirtilli**: Necessitano di un'irrigazione costante per mantenere il terreno umido, senza ristagni.

- **Lamponi e more**: Preferiscono irrigazioni abbondanti durante la fioritura e la fruttificazione.

La preparazione del terreno per fragole e frutti di bosco richiede una pianificazione attenta e operazioni mirate. La scelta di un suolo adatto, arricchito con fertilizzanti organici e minerali, insieme a una corretta gestione del pH e delle infestanti, è essenziale per garantire una coltivazione di successo. Con una buona preparazione, le piante avranno le condizioni ideali per svilupparsi in modo sano e produrre frutti di alta qualità, soddisfacendo le esigenze del mercato e dei consumatori.

Capitolo 3. Cura delle Piante di Fragole e Frutti di Bosco

La cura delle piante è essenziale per garantire una crescita sana e una produzione abbondante di fragole e frutti di bosco. Le pratiche agronomiche principali includono un'adeguata irrigazione e gestione del drenaggio, un piano di fertilizzazione equilibrato, e il controllo dei parassiti e delle malattie attraverso metodi naturali e, se necessario, trattamenti chimici. In questa guida esploreremo nel dettaglio le tecniche necessarie per mantenere sane le piante e ridurre al minimo le perdite di produzione.

Irrigazione e Drenaggio

L'acqua è un fattore critico per la crescita delle fragole e dei frutti di bosco. Tuttavia, un eccesso di acqua o un drenaggio inadeguato possono provocare ristagni e malattie radicali. Ogni specie ha esigenze specifiche di irrigazione che devono essere rispettate per ottenere frutti di alta qualità.

1. Fragole

Le fragole hanno un apparato radicale superficiale, il che le rende particolarmente sensibili sia alla siccità sia al ristagno idrico.

- **Frequenza di irrigazione**:

  - Irrigare frequentemente con piccole quantità d'acqua per mantenere il terreno costantemente umido, senza saturarlo.

  - Durante la fase di fioritura e fruttificazione, aumentare la frequenza delle irrigazioni.

- **Tecniche di irrigazione**:

  - L'**irrigazione a goccia** è consigliata per evitare bagnature sulle foglie, che possono favorire lo sviluppo di malattie fungine.

- In alternativa, si può usare un sistema di microirrigazione, ma è meglio evitare l'irrigazione a pioggia diretta.

- **Drenaggio**:

  - Il terreno deve essere ben drenato per evitare ristagni che causano **marciume radicale**. L'utilizzo di letti rialzati e pacciamatura aiuta a mantenere il giusto livello di umidità.

2. Frutti di Bosco

Ogni tipo di frutto di bosco ha esigenze specifiche in termini di irrigazione.

- **Lamponi e More**:

  - Hanno bisogno di un'irrigazione abbondante durante la fioritura e la fruttificazione. L'irrigazione a goccia è ideale per mantenere le radici umide e prevenire il marciume dei frutti.

- **Mirtilli**:

  - Richiedono molta acqua ma senza ristagni, preferendo terreni acidi e umidi. Una pacciamatura con aghi di pino può contribuire a trattenere l'umidità e mantenere l'acidità del terreno.

- **Ribes**:

  - I ribes richiedono una buona disponibilità di acqua, soprattutto in fase di fioritura e durante l'ingrossamento dei frutti. L'irrigazione regolare è necessaria per evitare stress idrico che può compromettere la qualità dei frutti.

Fertilizzazione

Una nutrizione equilibrata è fondamentale per garantire una produzione abbondante e frutti sani. Le piante di fragole e frutti di bosco hanno bisogno di **macro e micronutrienti** come azoto (N), fosforo (P), potassio (K), calcio, ferro e magnesio.

1. Fertilizzazione delle Fragole

Le fragole sono piante a ciclo produttivo intenso e necessitano di una buona concimazione.

- **Prima della piantagione**:

  - Incorporare compost o letame maturo nel terreno per migliorare la struttura e la fertilità.

  - Aggiungere un fertilizzante di base con **azoto, fosforo e potassio (NPK)**, in particolare nella fase di pre-trapianto.

- **Durante la coltivazione**:

  - Somministrare fertilizzanti a rilascio graduale per fornire azoto e potassio durante tutta la stagione.

  - Applicare fertilizzanti fogliari con microelementi (come ferro e magnesio) per correggere eventuali carenze.

---

2. Fertilizzazione dei Frutti di Bosco

- **Lamponi e More**:

  - Somministrare fertilizzanti ricchi di azoto all'inizio della stagione per stimolare la crescita vegetativa.

  - Durante la fase di fruttificazione, integrare con potassio per migliorare la qualità dei frutti.

- **Mirtilli**:

- I mirtilli richiedono fertilizzanti **acidificanti**, come il solfato di ammonio, per mantenere il pH del suolo basso. È consigliabile evitare fertilizzanti alcalini che possono danneggiare le radici.

- **Ribes**:

  - Applicare concimi bilanciati (NPK) durante l'inizio della stagione. Aggiungere fosforo per stimolare la fioritura e potassio durante la fase di maturazione dei frutti.

Controllo dei Parassiti e delle Malattie

Il controllo dei parassiti e delle malattie è cruciale per garantire la salute delle piante. Fragole e frutti di bosco sono soggetti a diverse patologie e attacchi da parte di insetti, quindi è necessario intervenire con metodi di prevenzione e trattamento tempestivi.

1. Identificazione dei Parassiti Comuni

- **Fragole**:

  - **Afidi**: Provocano ingiallimento delle foglie e trasmettono virus.

  - **Ragnetto rosso**: Causa decolorazioni e indebolisce la pianta.

  - **Tripidi**: Danneggiano fiori e frutti, causando deformazioni.

- **Lamponi e More**:

  - **Drosophila suzukii**: Un moscerino che depone le uova all'interno dei frutti, rendendoli immangiabili.

  - **Coleotteri**: Attaccano fiori e frutti.

- **Mirtilli e Ribes**:

  - **Cocciniglie**: Si nutrono della linfa delle piante, indebolendole.

- **Carpocapsa**: Infesta i frutti con larve.

2. Prevenzione e Trattamenti Naturali

- **Rotazione delle colture**: Riduce il rischio di malattie legate al suolo e limita la proliferazione di parassiti.

- **Pacciamatura**: Riduce la presenza di erbe infestanti e ostacola lo sviluppo di alcuni insetti.

- **Introduzione di insetti utili**: L'utilizzo di coccinelle e nematodi può aiutare a controllare gli afidi e altri parassiti.

- **Estratti naturali**: Spruzzare macerati di ortica o aglio può tenere lontani i parassiti e migliorare la resistenza delle piante.

3. Uso di Pesticidi e Bioprotezione

- **Uso limitato di pesticidi chimici**:

  - Se necessario, utilizzare pesticidi a basso impatto ambientale, rispettando i tempi di carenza per la raccolta.

  - Evitare trattamenti durante la fioritura per non danneggiare gli insetti impollinatori.

- **Bioprotezione**:

  - Impiegare **prodotti biologici**, come il Bacillus thuringiensis, per controllare alcuni insetti.

  - Utilizzare trappole feromoniche per monitorare la presenza di insetti adulti come la Drosophila suzukii.

La cura delle piante di fragole e frutti di bosco richiede un approccio integrato che prevede una gestione attenta dell'irrigazione e del drenaggio, un piano di fertilizzazione equilibrato e un controllo efficace dei parassiti e delle malattie. La prevenzione e l'uso di trattamenti naturali sono essenziali per mantenere le piante in salute, riducendo al minimo l'uso di prodotti chimici. Con le giuste pratiche agronomiche, è possibile ottenere raccolti abbondanti e di alta qualità, garantendo sostenibilità e rispetto per l'ambiente.

Capitolo 4. Raccolta e Conservazione delle Fragole e dei Frutti di Bosco

La raccolta e la conservazione delle fragole e dei frutti di bosco (lamponi, mirtilli, more e ribes) sono fasi cruciali per garantire la qualità del prodotto e preservarne freschezza e valore nutritivo. Questi frutti sono estremamente delicati e deperibili, quindi è fondamentale adottare le giuste tecniche di raccolta e conservazione per minimizzare danni, mantenere le proprietà organolettiche e prolungare la durata di conservazione.

Tempistiche della Raccolta

La scelta del momento giusto per raccogliere fragole e frutti di bosco è fondamentale per ottenere frutti al massimo della maturazione e con il miglior sapore e aroma. Raccogliere troppo presto comporta frutti acerbi e meno dolci, mentre raccogliere troppo tardi può significare un prodotto troppo morbido e deperibile.

Fragole

- **Periodo di raccolta**:

  - Le fragole si raccolgono principalmente tra **maggio e luglio**, anche se esistono varietà rifiorenti che permettono una raccolta estesa fino all'autunno.

  - Le fragole devono essere raccolte quando sono **completamente rosse e mature**, poiché non continuano a maturare dopo la raccolta.

- **Orari migliori**:

  - Raccogliere nelle prime ore del mattino o nel tardo pomeriggio, quando le temperature sono più fresche, per ridurre il rischio di stress sui frutti e mantenerne la freschezza.

Lamponi

- I lamponi devono essere raccolti quando il

frutto è **morbido e facilmente staccabile** dal ricettacolo, segno che ha raggiunto la piena maturità.

- Il periodo di raccolta va da **giugno a settembre**, a seconda della varietà (unifera o rifiorente).

Mirtilli

- I mirtilli si raccolgono **a scalare**, poiché non tutti i frutti di un grappolo maturano contemporaneamente.

- Il periodo di raccolta varia da **luglio a settembre**, con frutti che devono essere ben turgidi e di colore uniforme blu-nero.

More

- Le more devono essere raccolte quando sono **completamente nere e morbide al tatto**.

- Il periodo di raccolta va da **luglio a settembre** e, come i lamponi, devono essere raccolte con delicatezza per evitare di schiacciarle.

Ribes

- Il ribes (rosso, nero o bianco) si raccoglie tra **luglio e agosto**, quando i grappoli sono pieni e i frutti hanno raggiunto la tipica colorazione della varietà. È importante raccoglierli con il grappolo intero per evitare la perdita di succo.

Tecniche per la Raccolta

Fragole e frutti di bosco sono **fragili** e facilmente danneggiabili durante la raccolta, quindi è necessario adottare tecniche specifiche per minimizzare le perdite e garantire la massima qualità.

Raccolta delle Fragole

- **Manuale**:

  - La raccolta manuale è la tecnica più

comune e garantisce la massima attenzione nella selezione dei frutti maturi.

 - I frutti devono essere raccolti con il **picciolo** attaccato, evitando di tirare troppo forte per non danneggiare la pianta.

 - Posizionare delicatamente le fragole nei contenitori senza comprimerle.

- **Strumenti di raccolta**:

 - In coltivazioni più estese, si possono usare **carrelli raccogli-frutta** per facilitare il lavoro e ridurre il tempo di raccolta.

Raccolta dei Frutti di Bosco

- **Lamponi e More**:

 - Devono essere raccolti con le **mani** o con **pettini da raccolta**, ma è importante prestare attenzione per non schiacciare i frutti.

 - I frutti devono essere **separati

delicatamente dal ramo** per evitare di danneggiare i nuovi getti che porteranno il raccolto dell'anno successivo.

- **Mirtilli**:

  - Si possono raccogliere a mano o con l'ausilio di **pettini** per velocizzare il processo, soprattutto in coltivazioni su larga scala.

  - Controllare che i frutti siano ben maturi, poiché quelli acerbi non maturano dopo la raccolta.

- **Ribes**:

  - La raccolta dei ribes viene fatta solitamente con il **grappolo intero** per evitare che i frutti si rompano. Si possono usare **forbici** o strumenti simili per tagliare il grappolo dalla pianta senza danneggiarla.

**Conservazione e Utilizzo Post-

Raccolta**

Una volta raccolti, fragole e frutti di bosco devono essere gestiti con cura per preservarne la freschezza e ridurre al minimo le perdite post-raccolta. Data la loro **peribilità**, è importante adottare pratiche di conservazione corrette.

1. Pre-Raffreddamento

- Subito dopo la raccolta, i frutti devono essere portati rapidamente a basse temperature attraverso il **pre-raffreddamento**.

- Il pre-raffreddamento riduce la respirazione dei frutti e rallenta il processo di degradazione.

- Temperatura ideale per il raffreddamento:

  - **Fragole**: 0-2°C

  - **Mirtilli, Lamponi e More**: 0-4°C

  - **Ribes**: 0-2°C

2. Conservazione in Celle Frigorifere

- La conservazione in **celle frigorifere** è fondamentale per prolungare la durata di vita dei frutti:

  - Fragole: 5-7 giorni a 0-2°C con umidità relativa del 90-95%.

  - Lamponi e More: 2-3 giorni a 0-2°C.

  - Mirtilli: 10-14 giorni a 0-2°C.

  - Ribes: 10 giorni a 0-2°C.

- È essenziale mantenere un'**alta umidità** relativa per evitare che i frutti perdano turgore e freschezza.

3. Imballaggio e Trasporto
- I frutti devono essere confezionati in

contenitori piccoli e ventilati per evitare schiacciamenti durante il trasporto.

- Si consiglia l'uso di imballaggi in **materiali biodegradabili** o riciclabili per rispettare le normative ambientali.

- Durante il trasporto, la temperatura deve essere mantenuta costante per evitare il deterioramento.

4. Conservazione a Lungo Termine

- **Congelamento**:

  - Fragole, lamponi, mirtilli e ribes possono essere congelati per prolungare la loro conservazione. È consigliabile congelare i frutti su vassoi separati prima di trasferirli nei sacchetti per evitare che si attacchino.

  - I frutti congelati possono essere conservati per **6-12 mesi** senza perdere significativamente le proprietà nutritive.

- **Essiccazione**:

  - Alcuni frutti di bosco, come i mirtilli e il ribes, possono essere essiccati per ottenere prodotti a lunga conservazione.

  - L'essiccazione può avvenire con **essiccatori elettrici** o al sole, ma è importante che i frutti siano ben puliti e privi di umidità.

- **Produzione di conserve e marmellate**:

  - Fragole e frutti di bosco possono essere trasformati in **marmellate, confetture, succhi e sciroppi** per aumentarne la durata e aggiungere valore al prodotto.

---

5. Utilizzo Post-Raccolta

- **Mercati freschi**: I frutti freschi vengono venduti direttamente ai consumatori o attraverso mercati locali e negozi specializzati.

- **Industria alimentare**: Una parte della produzione viene destinata all'industria per la realizzazione di yogurt, dolci e bevande.

- **Gastronomia**: I frutti di bosco sono ingredienti essenziali per la preparazione di dessert, torte, gelati e cocktail.

La raccolta e la conservazione delle fragole e dei frutti di bosco richiedono un'attenta pianificazione e una gestione accurata per garantire la qualità e la freschezza dei prodotti. La raccolta deve essere effettuata al momento giusto e con tecniche adeguate per minimizzare danni e perdite. La conservazione a basse temperature e l'uso di tecniche come il congelamento e l'essiccazione permettono di prolungare la durata dei frutti e di valorizzarli anche nel tempo. Una corretta gestione post-raccolta è essenziale non solo per preservare il valore nutritivo e organolettico dei frutti, ma anche per soddisfare la domanda del mercato con prodotti di alta qualità.

Capitolo 5. Cenni sulla Coltivazione in Vaso di Fragole e Frutti di Bosco

La coltivazione in vaso di fragole e frutti di bosco rappresenta una valida alternativa alla coltivazione tradizionale in piena terra. Questa tecnica offre numerosi vantaggi, tra cui la possibilità di ottimizzare spazi ridotti e controllare meglio le condizioni ambientali. Fragole, lamponi, mirtilli, more e ribes si adattano bene alla coltivazione in vaso, purché vengano rispettate le esigenze di irrigazione, esposizione e nutrizione. In questa guida vedremo nel dettaglio i **vantaggi della coltivazione in vaso**, la **scelta dei contenitori** più adatti e le **tecniche di cura** necessarie per ottenere piante sane e produttive.

Vantaggi della Coltivazione in Vaso

La coltivazione in vaso permette di superare alcuni limiti della coltivazione tradizionale e offre numerosi vantaggi, soprattutto per chi ha a disposizione spazi ridotti, come balconi, terrazzi o cortili.

1. Ottimizzazione dello Spazio

- La coltivazione in vaso è ideale per chi vive in città o non ha accesso a un giardino.

- I vasi possono essere posizionati in **balconi, terrazzi, cortili** o anche davanzali, sfruttando ogni angolo disponibile.

- È possibile coltivare in verticale utilizzando **strutture a più livelli o fioriere sovrapposte**, incrementando ulteriormente la capacità di produzione.

2. Controllo delle Condizioni del Terreno

- Coltivare in vaso permette di **controllare meglio il substrato** utilizzato, garantendo un terreno fertile e ben drenato.

- È possibile scegliere miscele di terriccio adatte a ogni tipo di pianta: per esempio, i mirtilli necessitano di un terreno acido, facile da ottenere con terricci specifici per piante acidofile.

- La coltivazione in vaso riduce il rischio di malattie del suolo, come i marciumi radicali, comuni nelle colture in pieno campo.

3. Maggiore Mobilità delle Piante

- Le piante in vaso possono essere **spostate facilmente** in base alle necessità, come trovare un'esposizione migliore al sole o proteggere le piante da vento e gelo.

- Durante l'inverno, i vasi possono essere spostati in aree protette o al riparo, garantendo la sopravvivenza delle piante più sensibili.

4. Meno Problemi con Parassiti ed Erbe Infestanti

- Coltivare in vaso riduce significativamente l'insorgenza di **erbe infestanti**, che possono essere difficili da controllare in piena terra.

- Inoltre, molte malattie del suolo non si sviluppano facilmente nei contenitori, riducendo l'uso di pesticidi e migliorando la sostenibilità della coltivazione.

Scelta dei Contenitori per Fragole e Frutti di Bosco

La scelta dei contenitori è fondamentale per garantire una crescita sana delle piante. Ogni specie ha esigenze specifiche in termini di profondità e capacità del vaso, oltre che di drenaggio.

1. Tipologie di Vasi

- **Vasi in plastica**:

  - Sono leggeri, economici e facili da spostare, ma possono surriscaldarsi al sole, danneggiando le radici.

- **Vasi in terracotta**:

  - Sono porosi e permettono una buona

traspirazione del terreno, ma tendono ad asciugarsi più rapidamente e sono più pesanti da spostare.

- **Fioriere verticali o torri di coltivazione**:

  - Utili per coltivare fragole e frutti di bosco su più livelli, ottimizzando lo spazio verticale.

- **Sacchi per coltivazione**:

  - Ideali per coltivazioni temporanee; garantiscono un buon drenaggio e sono facilmente smaltibili a fine stagione.

2. Dimensioni dei Vasi

- **Fragole**:

  - Richiedono vasi con una **profondità minima di 20-30 cm** e un buon drenaggio. Si possono coltivare anche in **fioriere lunghe o tasche verticali**.

- **Lamponi e More**:

  - Necessitano di vasi più grandi e profondi, almeno **40-50 cm**, per consentire lo sviluppo delle radici.

- **Mirtilli**:

  - Richiedono contenitori larghi e profondi, **50-60 cm**, con un terriccio specifico per piante acidofile.

- **Ribes**:

  - Possono essere coltivati in vasi da **30-40 cm di profondità**, ma devono avere spazio sufficiente per espandersi orizzontalmente.

3. Drenaggio Adeguato

- Tutti i vasi devono avere **fori di drenaggio** per evitare ristagni d'acqua, che possono causare marciumi radicali.

- È consigliabile aggiungere uno strato di **argilla espansa o ghiaia** sul fondo del vaso per migliorare il drenaggio.

Cura delle Piante in Vaso

Le piante coltivate in vaso richiedono cure particolari, poiché hanno un accesso limitato a risorse come acqua e nutrienti rispetto a quelle in piena terra. Ecco i principali aspetti da considerare.

1. Irrigazione

- Le piante in vaso necessitano di **irrigazioni più frequenti**, poiché il terriccio tende ad asciugarsi rapidamente.

- È importante evitare sia l'eccesso che la carenza d'acqua: il terreno deve essere mantenuto **umido ma non fradicio**.

- Utilizzare **sistemi di irrigazione a goccia** o serbatoi di riserva per garantire un apporto costante d'acqua, specialmente durante i mesi più caldi.

2. Fertilizzazione

- I nutrienti nel terriccio dei vasi si

esauriscono rapidamente, quindi è necessario fornire **fertilizzanti a rilascio graduale** o concimazioni regolari con prodotti liquidi.

- Per le fragole, è importante integrare **potassio e fosforo** durante la fioritura per favorire lo sviluppo dei frutti.

- I mirtilli richiedono **fertilizzanti acidificanti** come il solfato di ammonio per mantenere il pH del terreno basso.

3. Esposizione al Sole

- Le fragole e la maggior parte dei frutti di bosco richiedono **almeno 6 ore di sole diretto** al giorno per una buona fruttificazione.

- In zone con estati particolarmente calde, può essere utile spostare i vasi in una zona **semi-ombreggiata** nelle ore più calde per evitare stress alle piante.

4. Potatura e Gestione della Pianta

- **Fragole**: Eliminare i **germogli stoloniferi** per evitare che la pianta sprechi energia e per favorire una maggiore produzione di frutti.

- **Lamponi e More**: Potare i rami vecchi e improduttivi per stimolare la crescita di nuovi getti fruttiferi.

- **Mirtilli e Ribes**: È necessario effettuare potature annuali per mantenere la pianta sana e produttiva, eliminando i rami secchi o troppo vecchi.

5. Protezione dalle Malattie e dai Parassiti

- Le piante in vaso sono generalmente meno esposte a malattie del suolo, ma possono comunque essere attaccate da **afidi, ragnetto rosso o cocciniglie**.

- Spruzzare regolarmente **macerati naturali** di ortica o aglio può aiutare a prevenire infestazioni.

- Monitorare le piante e intervenire tempestivamente in caso di segni di malattie fungine, come l'oidio o la muffa grigia.

6. Preparazione per l'Inverno

- Alcune piante, come i lamponi e i ribes, sono resistenti al freddo, ma altre, come le fragole e i mirtilli, potrebbero aver bisogno di protezione durante l'inverno.

- Durante i mesi più freddi, è consigliabile **spostare i vasi in zone riparate** o coprirli con **tessuti non tessuti** per evitare danni da gelo.

La coltivazione in vaso di fragole e frutti di bosco è una soluzione pratica e accessibile per chi desidera godere di frutta fresca anche senza un giardino. Scegliendo i contenitori adeguati, garantendo un'irrigazione e una nutrizione equilibrata, e curando le piante con attenzione, è possibile ottenere raccolti abbondanti e di qualità.

Capitolo 6. Ricette e Utilizzi in Cucina delle Fragole e dei Frutti di Bosco

Le fragole e i frutti di bosco, come lamponi, mirtilli, more e ribes, non solo sono deliziosi e nutrienti, ma anche estremamente versatili in cucina. Questi frutti possono essere utilizzati in una vasta gamma di ricette, che spaziano dalle preparazioni dolci a quelle salate, rendendoli un ingrediente ideale per ogni occasione. In questo articolo, esploreremo idee creative per utilizzare fragole e frutti di bosco in cucina e come conservarli attraverso la preparazione di marmellate e sciroppi.

Idee per Utilizzare Fragole e Frutti di Bosco

1. Dolci e Dessert

a. Torte e Crostate

- **Crostata di fragole**:

  - Prepara una base di pasta frolla e farciscila con crema pasticcera. Guarnisci con fragole fresche tagliate a metà e un velo di gelatina per lucidare.

- **Torta di mirtilli**:

  - Utilizza una ricetta base per torta al burro e aggiungi mirtilli freschi all'impasto. Cuoci fino a doratura e servi con una spolverata di zucchero a velo.

b. Cheesecake

- **Cheesecake alle fragole**:

  - Prepara una base di biscotti sbriciolati e burro, mescola formaggio cremoso, zucchero e panna montata per il ripieno. Guarnisci con una salsa di fragole fresche.

- **Cheesecake ai frutti di bosco**:

  - Puoi fare una versione simile utilizzando una miscela di lamponi, mirtilli e more nel ripieno e nella salsa di guarnizione.

c. Gelati e Sorbetti

- **Gelato di fragole**:

  - Frulla fragole fresche con zucchero e un po' di succo di limone. Aggiungi panna montata e riponi in freezer.

- **Sorbetto di frutti di bosco**:

  - Frulla una miscela di lamponi, mirtilli e zucchero. Congela e mescola ogni tanto per ottenere una consistenza cremosa.

d. Muffin e Pancake

- **Muffin ai mirtilli**:

  - Aggiungi mirtilli freschi all'impasto dei muffin per un tocco di dolcezza.

- **Pancake alle fragole**:

  - Mescola purea di fragole nell'impasto per pancake e guarnisci con fragole fresche e sciroppo d'acero.

2. Piatti Salati

a. Insalate

- **Insalata di spinaci e fragole**:

  - Combina spinaci freschi, fragole a fette, noci pecan e formaggio di capra. Condisci con vinaigrette a base di aceto balsamico.

- **Insalata di quinoa e frutti di bosco**:

  - Mescola quinoa cotta con mirtilli, lamponi, cetrioli e feta sbriciolata. Condisci con olio d'oliva e succo di limone.

b. Salsa e Condimenti

- **Salsa di fragole**:

  - Frulla fragole fresche con aceto balsamico, miele e un pizzico di sale per creare una salsa da servire con carni grigliate.

- **Chutney di more**:

  - Cucina more con cipolla, aceto di mele e spezie per un chutney da abbinare a formaggi o carni.

3. Bevande

a. Frullati e Smoothie

- **Frullato di fragole e banana**:

  - Frulla insieme fragole fresche, banana, yogurt e un po' di latte per un frullato cremoso e nutriente.

- **Smoothie ai frutti di bosco**:

  - Combina lamponi, mirtilli, yogurt greco e succo d'arancia per un fresco smoothie ricco di antiossidanti.

b. Cocktails

- **Mojito alle fragole**:

  - Mescola fragole fresche, menta, lime e rum per un cocktail estivo.

- **Bellini ai frutti di bosco**:

  - Frulla lamponi e mescola con prosecco per un cocktail frizzante e rinfrescante.

4. Conserve e Preparazioni

a. Marmellate

- **Marmellata di fragole**:

  - Cuoci fragole fresche con zucchero e succo di limone fino a ottenere una consistenza densa. Sterilizza i barattoli e riempili con la marmellata calda.

- **Marmellata di frutti di bosco**:

  - Mescola lamponi, mirtilli e more con zucchero e un po' di pectina per ottenere una marmellata ricca di sapore.

b. Sciroppi

- **Sciroppo di fragole**:

  - Cuoci fragole con zucchero e acqua fino a ottenere uno sciroppo denso. Filtra e conserva in bottiglie di vetro. Ottimo per dolcificare bevande o come topping per dessert.

- **Sciroppo di frutti di bosco**:

- Unisci una varietà di frutti di bosco con zucchero e acqua per preparare uno sciroppo versatile da usare in cocktail, dolci e dessert.

Conservazione tramite Marmellate e Sciroppi

1. Preparazione delle Marmellate

La preparazione delle marmellate è un ottimo modo per conservare fragole e frutti di bosco, permettendo di godere del loro sapore per tutto l'anno.

Ingredienti Base

- **Frutti**: Fragole, lamponi, mirtilli, more, ribes.

- **Zucchero**: La quantità di zucchero varia a seconda della dolcezza dei frutti e della ricetta. In genere, si utilizza una parte di zucchero per una parte di frutta.

- **Succo di limone**: Aiuta a preservare il colore e il sapore, oltre a bilanciare la dolcezza.

- **Pectina**: Facoltativa, aiuta a addensare la marmellata, specialmente per frutti con basso contenuto di pectina come le fragole.

Procedimento

1. **Pulizia dei Frutti**: Lavare bene i frutti, rimuovendo eventuali piccioli e foglie.

2. **Preparazione della Frutta**: Tagliare le fragole a pezzi e schiacciare leggermente i lamponi e i mirtilli per liberarli dai succhi.

3. **Cottura**: In una pentola grande, unire la frutta, lo zucchero e il succo di limone. Portare a ebollizione a fuoco medio, mescolando di tanto in tanto.

4. **Controllo della Consistenza**: Cuocere fino a quando la marmellata non raggiunge la consistenza desiderata. Un metodo per testare la consistenza è mettere un cucchiaino di

marmellata su un piattino freddo e inclinare il piatto. Se la marmellata non scivola via, è pronta.

5. **Sterilizzazione dei Barattoli**: Sterilizzare i barattoli in acqua bollente e lasciarli asciugare.

6. **Imbottigliamento**: Versare la marmellata calda nei barattoli sterilizzati, lasciando un po' di spazio in cima. Chiudere i barattoli con coperchi ermetici.

7. **Conservazione**: Lasciare raffreddare a temperatura ambiente e conservare in un luogo fresco e buio. La marmellata può durare fino a un anno se conservata correttamente.

2. Preparazione degli Sciroppi

Gli sciroppi a base di frutti di bosco sono ottimi per dolcificare bevande, preparare dessert o come condimento per pancake e gelati.

Ingredienti Base

- **Frutti**: Fragole, lamponi, mirtilli, more.

- **Zucchero**: Una quantità variabile, generalmente pari o superiore alla quantità di frutta.

- **Acqua**: Necessaria per la diluizione e la preparazione dello sciroppo.

Procedimento

1. **Preparazione della Frutta**: Lavare e tagliare i frutti.

2. **Cottura**: In una pentola, unire i frutti, lo zucchero e l'acqua. Portare a ebollizione, mescolando per sciogliere lo zucchero.

3. **Soffermarsi sul Gusto**: Cuocere a fuoco medio-basso per 10-15 minuti, fino a ottenere una consistenza sciropposa.

4. **Filtraggio**: Filtrare lo sciroppo attraverso un colino a maglie fini o una garza per rimuovere i solidi.

5. **Imbottigliamento**: Versare lo sciroppo caldo in bottiglie sterilizzate e chiudere

ermeticamente.

6. **Conservazione**: Gli sciroppi possono essere conservati in frigorifero per diverse settimane o sterilizzati per una conservazione a lungo termine.

Fragole e frutti di bosco offrono una varietà infinita di possibilità in cucina, permettendo di preparare piatti gustosi, sani e colorati. La loro versatilità li rende adatti per ricette dolci e salate, rendendoli un elemento fondamentale in ogni cucina. Inoltre, la possibilità di conservarli tramite marmellate e sciroppi consente di godere di questi frutti anche nei mesi invernali, prolungando il loro sapore e il loro utilizzo. Sperimentare con fragole e frutti di bosco non solo arricchisce la tavola, ma apre le porte a un mondo di sapori e combinazioni.

Glossario dei Termini Agricoli: Fragole e Frutti di Bosco

La coltivazione delle fragole e dei frutti di bosco è un campo ricco di terminologia specifica e tecniche agricole che meritano di essere esplorate. Questo glossario ha lo scopo di chiarire alcuni dei termini più comunemente utilizzati in questo settore, facilitando la comprensione delle pratiche agricole e dei concetti fondamentali legati alla coltivazione di questi deliziosi frutti. Inoltre, alla fine del glossario, si troveranno alcune riflessioni sulla coltivazione sostenibile, un approccio sempre più importante nell'agricoltura moderna.

Glossario

A

- **Acidità**: Misura del pH del suolo o della frutta. Le fragole e i frutti di bosco generalmente preferiscono un pH leggermente acido (5.5-6.5).

- **Antiossidanti**: Composti presenti in frutta e verdura che aiutano a combattere i radicali liberi nel corpo umano, contribuendo a migliorare la salute generale.

- **Apomissia**: Formazione di semi senza fertilizzazione. Alcuni varietà di fragole possono riprodursi tramite questo processo.

B

- **Biotecnologia**: Tecnologie che applicano i principi biologici per migliorare le colture. Può includere tecniche di selezione avanzata o ingegneria genetica.

- **Bollettino fitosanitario**: Documento informativo che fornisce indicazioni sui principali parassiti e malattie che possono colpire le coltivazioni.

C

- **Cespugliamento**: Crescita di nuovi germogli dalla base della pianta. Questo processo è comune nelle fragole, contribuendo alla propagazione vegetativa.

- **Ciclo di vita**: Fasi di sviluppo di una pianta, dalla semina alla maturazione e alla raccolta.

- **Clima**: Condizioni atmosferiche medie di una determinata area, che influiscono sulla crescita delle piante. Le fragole e i frutti di bosco richiedono climi specifici per prosperare.

D

- **Drenaggio**: Rimozione dell'acqua in eccesso dal terreno, fondamentale per prevenire marciumi radicali nelle piante di fragole e frutti di bosco.

- **Diseccamento**: Processo di essiccazione delle piante, utile in alcune pratiche agricole per il controllo delle infestazioni.

F

- **Fertilizzazione**: Applicazione di nutrienti al suolo per favorire la crescita delle piante. Le fragole e i frutti di bosco richiedono fertilizzanti bilanciati per ottenere buoni risultati.

  - **Fitopatologia**: Studio delle malattie delle piante, inclusi i patogeni che possono colpire fragole e frutti di bosco.

  -

G

- **Germogliazione**: Processo in cui un seme inizia a svilupparsi in una nuova pianta. Può richiedere condizioni specifiche di temperatura e umidità.

- **Graft**: Innesto di una varietà di pianta su un'altra per migliorarne la resistenza o la produttività.

I

- **Innaffiatura**: Fornitura di acqua alle piante. È essenziale per la crescita delle fragole e dei frutti di bosco, specialmente in periodi di siccità.

- **Intercropping**: Pratica agricola che prevede la coltivazione di diverse specie vegetali nello stesso campo per massimizzare l'uso del suolo e ridurre la competizione tra le piante.

L

- **Lavorazione del suolo**: Preparazione del terreno per la semina, che può includere aratura, fresatura e livellamento.

- **Malattie fungine**: Malattie delle piante causate da funghi, comuni nelle coltivazioni di fragole e frutti di bosco.

M

- **Microclima**: Variabilità delle condizioni climatiche in una piccola area. La creazione di microclimi può favorire la crescita delle piante.

- **Mulching**: Tecnica di copertura del terreno con materiali organici o inorganici per conservare l'umidità, ridurre le infestanti e migliorare la salute del suolo.

P

- **Parassiti**: Organismi che danneggiano le piante, come afidi, acari e nematodi. Il controllo dei parassiti è cruciale per la salute delle fragole e dei frutti di bosco.

- **Piante dioiche**: Piante che hanno fiori maschili e femminili su individui separati. Alcuni frutti di bosco, come il ribes, possono avere questo tipo di riproduzione.

- **Propagazione**: Metodo di moltiplicazione delle piante, che può avvenire per seme, talea o divisione.

R

- **Raccolta**: Processo di raccolta dei frutti maturi. Le fragole e i frutti di bosco devono essere raccolti al momento giusto per garantire il massimo sapore e qualità.

- **Resistenza alle malattie**: Capacità di una pianta di resistere a patogeni e malattie. Alcune varietà di fragole e frutti di bosco sono state selezionate per avere una maggiore resistenza.

S

- **Sostenibilità**: Pratiche agricole che mirano a preservare l'ambiente, mantenere la biodiversità e garantire la salute del suolo, dell'acqua e delle piante nel lungo termine.

- **Suolo**: Strato superficiale della Terra che sostiene la vita vegetale. La qualità del suolo è fondamentale per la crescita delle fragole e dei frutti di bosco.

T

- **Trapianto**: Spostamento di piantine in un altro luogo per favorire la crescita. Questa pratica è comune nella coltivazione di fragole.

- **Trattamenti fitosanitari**: Misure preventive o curative per proteggere le piante da parassiti e malattie.

V

- **Varietà**: Diversità di una specie vegetale con caratteristiche specifiche, come sapore, colore e resistenza alle malattie. Esistono molte varietà di fragole e frutti di bosco, ognuna con peculiarità uniche.

- **Vegetazione spontanea**: Piante che crescono naturalmente in un determinato ambiente senza intervento umano. La vegetazione spontanea può influenzare la crescita delle coltivazioni.

Riflessioni Finali sulla Coltivazione Sostenibile

La coltivazione sostenibile delle fragole e dei frutti di bosco è fondamentale per garantire un futuro sano e produttivo. Questo approccio implica l'adozione di pratiche che preservano l'ambiente, migliorano la biodiversità e assicurano la qualità del suolo e dell'acqua.

1. Pratiche di Agricoltura Regenerative

L'agricoltura rigenerativa si concentra sul ripristino della salute del suolo attraverso pratiche come la rotazione delle colture, il compostaggio e l'uso di coperture vegetali. Queste tecniche migliorano la struttura del suolo, aumentano la ritenzione idrica e favoriscono la biodiversità microbica, essenziale per la crescita delle piante.

2. Uso Responsabile delle Risorse

L'irrigazione è un aspetto critico nella coltivazione delle fragole e dei frutti di bosco. Tecniche di irrigazione a goccia e sistemi di raccolta dell'acqua piovana possono ridurre il consumo di acqua, assicurando al contempo che le piante ricevano la giusta quantità di umidità.

3. Controllo Biologico dei Parassiti

L'uso di metodi naturali per il controllo dei parassiti, come l'introduzione di insetti utili (ad esempio, coccinelle o vespe parassite) e l'uso di trappole, può ridurre la necessità di pesticidi chimici, minimizzando l'impatto sull'ambiente e sulla salute umana.

4. Educazione e Consapevolezza

Incoraggiare i coltivatori a informarsi sulle pratiche sostenibili è fondamentale per il successo della coltivazione sostenibile. Workshop, corsi di formazione e programmi di educazione possono aumentare la consapevolezza e fornire agli agricoltori le competenze necessarie per implementare tecniche più ecologiche.

5. Collaborazione e Rete

Le comunità agricole possono trarre beneficio dalla collaborazione, condividendo risorse e conoscenze. Reti locali possono facilitare l'accesso a informazioni aggiornate e a tecnologie innovative, promuovendo pratiche agricole sostenibili.

In conclusione, la coltivazione sostenibile di fragole e frutti di bosco non solo migliora la qualità e la quantità della produzione, ma contribuisce anche alla salute del nostro pianeta. Investire in pratiche sostenibili è un passo cruciale per garantire un'agricoltura prospera e responsabile, capace di affrontare le sfide del futuro.

Indice

Introduzione pg.4

Capitolo 1.Tipi di Fragole e Frutti di Bosco pg.7

Capitolo 2.Preparazione del Terreno per Fragole e Frutti di Bosco pg.14

Capitolo 3.Cura delle Piante di Fragole e Frutti di Bosco pg.25

Capitolo 4.Raccolta e Conservazione delle Fragole e dei Frutti di Bosco pg.36

Capitolo 5.Cenni sulla Coltivazione in Vaso di Fragole e Frutti di Bosco pg.47

Capitolo 6. Ricette e Utilizzi in Cucina delle Fragole e dei Frutti di Bosco pg.57

Glossario dei Termini Agricoli: Fragole e Frutti di Bosco pg.68

www.ingramcontent.com/pod-product-compliance
Lightning Source LLC
Chambersburg PA
CBHW070355230526
45471CB00006B/2587